GROSS AND GHASTLY

臭臭的
动物小百科
ANIMALS

［英］基夫·佩恩（KEV PAYNE）著

刘瑞睿 译

天津出版传媒集团

新蕾出版社

目　录

可怕的毒

有些动物有毒性，还有些动物能分泌毒液，它们非常危险。有毒物质可以通过吞食消化、鼻子吸入或者皮肤吸收进入身体。毒液则通过咬、刺等方式进入身体。有毒的动物都有致命危险，所以千万要小心着点儿！

水泡甲虫

水泡甲虫可以释放出有毒的化学物质，导致接触者皮肤疼痛、肿胀及起泡——它们因此得名。水泡大概需要一周时间才能消失。马在吃干草时偶尔会不小心吃到这种甲虫，这可就不好玩儿了。

双料选手

虽然这种情况很少有，但有个别物种既有毒性又能分泌毒液。赤练蛇可以通过咬合来释放毒液。它们在吃掉有毒的蟾蜍时，口腔会沾上蟾蜍的毒液，这时被赤练蛇咬到，就危险了。

"死神"降临

以色列金蝎是世界上最知名的蝎子之一。它们经常隐藏在岩石下等待毫无戒心的受害者，比如路过的蟋蟀。以色列金蝎先迅速用钳子抓住蟋蟀，再用尾巴蜇。等蟋蟀不能动了或者死了，它们就可以享用美味大餐啦。

吓人的蛙

你怕了吗？

这是来自南美洲的箭毒蛙，其鲜艳的颜色充分说明了这种蛙的毒性有多么剧烈。箭毒蛙金黄的皮肤表面有一层致命的剧毒，它们被认为是全世界毒性最强的动物之一。尽管箭毒蛙的身形还不如一颗鸡蛋大，但一只蛙就足够让10个人命丧黄泉。

黏液作用大

你见过黏糊糊的液体吗？你觉得它们恶心吗？但是对动物来说，这些恶心的液体却能起到很大的作用。

晚餐好啦！

屁屁黄油

鬣狗产生的一种黏液也被称为"鬣狗黄油"。鬣狗在用屁股蹭树、蹭石头的过程中分泌出这种"黄油"，以此来标记领地。

给我闭嘴！

当蛇向大蝾螈发起进攻时，蝾螈的尾巴就会分泌出一种像胶一样的物质，它们用尾巴毫不留情地猛烈抽打蛇的头部，直到蛇的嘴巴被分泌物粘住为止。有时，就会出现一条长蛇被蝾螈的黏液粘成一团、动弹不得的场面。

最佳演员

负鼠是一种小型有袋动物，它们可以分泌黏液，还很擅长耍诈。当遭遇攻击时，负鼠会躺在地上装死，还会分泌出一种黄绿色的恶臭黏液来让自己显得不那么好吃。希望它们的演技都能过关！

黏稠巨星

盲鳗长得很像鳗鱼，是使用黏液技能的佼佼者。当遭受攻击时，盲鳗会在几分钟内分泌出大量黏液。黏液与海水混合，可以迅速生成大量的透明黏稠物质，堵住捕食者的嘴或鳃，令捕食者无法呼吸。盲鳗可以用此技能捕食到比自己大得多的猎物，比如鲨鱼。黏液中的纤维极为强韧，甚至可以用来制作包括防弹背心在内的各种衣服。

打破纪录

获得金牌是运动员职业生涯中的"高光时刻"，而以下这些世界纪录保持者却实在没什么值得夸耀的。

最臭的

虽然看起来很多动物都适合这个称号，但非洲艾鼬被公认为是世界上最臭的动物之一。当受到威胁时，它们会竖起尾巴，发出咆哮。如果这样不起作用，它们则会在地上转圈圈，并从屁股的臭腺中释放黄色的液体。这会暂时击退它们的敌人。这种液体味道非常浓，足可以帮助艾鼬逃离狮子的"魔爪"。

便便最多的

蓝鲸是世界上体形最大的动物，因此它们的便便最多也是顺理成章的。蓝鲸单次排出的便便大约能够装满三台手推车！据说蓝鲸的便便闻起来很像狗狗的便便，但质地很像面包屑。

　　箱形水母主要生活在澳大利亚和印度洋水域，是世界上毒性最强的动物之一。它们的毒液可以作用于动物的心脏、神经系统和皮肤细胞。一只箱形水母约有5000个刺细胞。有趣的是，箱形水母的24只眼睛分布在身体的各个部位，它们的视觉范围可以说是"360度无死角"。

　　加拿大皇家安大略博物馆展出了一颗蓝鲸心脏标本，它重约200千克，跟一辆碰碰车大小差不多！

凶凶的宝宝

动物王国里有各种各样的宝宝。在本页，你会认识很多宠溺宝宝的爸爸、伟大的妈妈，还有特别凶悍的宝宝！

沙虎鲨几乎什么都吃，连垃圾也不放过！

沙虎鲨宝宝

沙虎鲨在出生之前就经历了杀戮。它们还在母体里时就已经开始争斗，甚至吃掉兄弟姐妹。虽然母体里一胎有几十个受精卵，但最终只有一两只勇猛的小沙虎鲨能够顺利出生。

父爱如山

达尔文蛙的栖息地主要在智利和阿根廷。雄蛙会寸步不离地守着雌蛙产卵。当卵即将孵化出小蝌蚪时，爸爸会把它们放在自己的声囊中保护起来。待到小蝌蚪变成小蛙，它们就会从爸爸的嘴里爬出来。

妈妈也能吃？

所有的父母都爱孩子，但雌性隆头蛛却达到了另一个境界。妈妈不仅会反刍食物喂给孩子们，还允许它们吃掉自己。

背着胖娃娃

苏里南蟾蜍主要生活在南美，雄性在交配后会把几十个受精卵粘在雌性的背部皮肤上。三四个月后，小蟾蜍会从妈妈的后背上孵化出来，准备大吃一顿——这通常意味着它们要先对兄弟姐妹们下手！

生物特性！

蓝环章鱼

蓝环章鱼生活在澳大利亚和日本之间的太平洋海域，是海洋中毒性最大的生物之一。它们的食物是鱼类和小型甲壳类生物，比如虾和螃蟹。蓝环章鱼的唾液有毒，可以使猎物昏厥，其咬合力也很大，"牙齿"可以穿透猎物的外壳。

致命性

虽然个头儿不大，但蓝环章鱼的毒素可在几分钟内杀死26个成年人。目前还没有有效的解毒药。

小心！

卵也危险

蓝环章鱼会把此种有毒唾液的细菌传给下一代，所以在卵的阶段，它们就已经有毒了。

姓名： 蓝环章鱼

绰号： 豹纹章鱼

分布： 日本和澳大利亚之
间的太平洋海域

体长： 约15厘米

跳起来！

炫酷迪斯科

　　蓝环章鱼的全身都带有亮蓝色的圈圈，一闪一闪的，对其他动物起到警示作用。当受到威胁时，50多个蓝环在三分之一秒内一起闪烁，十分炫目。

勇猛斗士

动物之间打斗是有很多原因的。有些是为了控制权，有些是为了食物，有些是为了交配权，还有一些只是为了活下去。拳打脚踢，再咬几口……这些勇猛的斗士为了赢，那可真是各显神通！

毒气攻击

草蛉的幼虫会通过放屁来攻击白蚁。它们一次放出的毒气可以毒倒6只白蚁，这样就可以把白蚁变成自己的食物了。

飞踢高手

斑马是许多捕食者（比如猎豹、狮子和鳄鱼）的目标。为了生存，它们会通过咬、拱、踢来保护自己。其中踢是最有力、最致命的，足以踢碎攻击者的头骨，甚至使攻击者丧命。

吃我一脚！

一击致命

陆地上行动速度最快的动物就是猎豹，它们也是凶猛的斗士。猎豹以其惊人的速度追赶猎物（比如兔子、疣猪和瞪羚等），追上后它们会直扑猎物的喉咙，一击致命。

放屁真有趣

世界上并不是只有人类会放屁。所有具有肠道的动物都会在某些情况下排出气体。所以，等下次你不小心"噗噗"出声的时候，可以试试拜托路过的小狗、黄牛或是白鹅帮忙化解尴尬。

某种海豹可以屏住呼吸长达两个小时——这在有人放臭屁的时候尤其好用！

世界最臭

研究海豹和海狮的人建议，"世界上最臭的屁"这一"荣誉"应该属于这两种海洋哺乳动物。那种让人窒息的味道也许来源于它们食物中的鱼类和鱿鱼。

放屁能救命

生活在墨西哥浅水水域的灰鲹以藻类为食，有时会吸食藻类释放出的气泡。这些气体会使灰鲹变得"气鼓鼓"并浮到水面上，这样它们就很容易成为捕食者的目标，为了自保，只能放屁。如果不及时排出气体，它们还有可能爆炸呢！

那些小泡泡是你放的不？

屁 王

大象放的屁味道尤为糟糕！在动物园里，饲养员会给大象准备一种特殊的"止屁"食物。这种神奇的"解药"里包括大米和大蒜等成分。

便便的威力

无论是为了标记领地，还是为了自我保护，甚至是作为美味零食，动物便便的威力都是无穷的。

看我的便便武器！

龟甲虫的幼虫会用便便作为盾牌。它们将便便层层堆积在自己的身体上，这些便便遇到空气就会凝固，从而形成一层厚厚的护盾。便便的臭味也可以掩盖幼虫的气味，以逃过敌人的捕食。这可真是好主意啊！

便便喷射

有些捕食者会莫名其妙地被毛毛虫便便的气味吸引！为了避免被吃掉，毛毛虫会尽可能远地喷射出它们的便便，最远可达它们身长的40倍——这就相当于你在球场上把球踢出了70米之远！这下便便可以引开捕食者了！

走你！

宝宝喂养

别提什么牛奶了，六个月大的考拉宝宝会把它们母亲的便便当作一顿大餐吃掉。其实这便便并不是真正的粪便，而是考拉妈妈产生的一种特殊的排泄物。这种物质是半流质的、消化过的桉树叶，里面含有大量的营养和对身体有益的肠道细菌，可以帮助宝宝长大。

好多了！

散热妙计

感觉热吗？有几种鸟会通过把便便拉在自己脚上的方式来降温。便便中水分的蒸发会让它们凉快下来，然而，这种特殊的"防晒霜"用得太多也会导致腿部疼痛。

"僵尸"来袭

僵尸是一种虚构的怪物，常在电影中出现。在动物世界中，有些动物感染病毒后行为就像"僵尸"。

嘶!

恐怖浣熊

2019年，美国警方警告民众要小心"僵尸浣熊"，它们青面獠牙，两眼发光，到处游荡。原来，这种反常的行为是由一种叫作"瘟热"的疾病引起的。

智能真菌

如果一只木蚁不小心吸入了某种可以影响神经系统的真菌的孢子，它的行为就会变得很奇怪，似游走的僵尸。在迷迷糊糊的状态下，这只被感染的木蚁会离开蚁巢，爬到一个更高的位置并停留在那里。最后，这种真菌会从它的体内爆发而出，释放更多的孢子，散落在该蚁巢中其他木蚁的身上。

妈呀！下雪了！

可怜的小鹿

僵尸鹿病是一种致命的疾病，可以使得鹿和驼鹿等动物体重减轻，流口水，动作不协调，变得极具攻击性。

调皮捣蛋

猴子属于灵长动物。世界上猴子的种类很多，目前已确认的约有200种，其中有些猴子可真是无法无天！这些捣蛋鬼能不能老实点儿啊？

过度肥胖

"胖叔"是泰国一只超重猕猴的绰号，它吃了游客投喂的太多垃圾食品。作为猴群的首领，它还会让其他猴子给它找更多的食物。胖叔后来被严格控制饮食，只能吃瘦肉蛋白、水果和蔬菜。

> 如果感到无聊，你就来玩儿拼图吧！

捣乱分子

一些猴子会在动物园里乱扔便便。有动物学家认为，这是它们生气或者感受到压力的表现；还有一些动物学家认为这是猴子无聊的表现。

艳丽的屁股

> 新年快乐！

雄性山魈的屁股颜色艳丽，而每个族群中首领的屁股总是最亮眼的。如果另一只雄性在争斗中打败了现任首领，这个胜利者就会成为下一任首领，它的屁股也会变得更鲜艳。

尿液"香水"

雄性卷尾猴会在手上撒尿，然后将尿液涂在自己的皮毛上，以此来吸引雌性。

短角蜥

短角蜥的身体宽而扁平，全身长有短刺。它们看上去很像长了刺的蟾蜍，但它们是爬行动物，不是两栖动物。这种蜥蜴身形小，颜色近似岩石和土壤，这能让它们很好地保护自己。

黏糊糊的点心

蜥蜴的主要食物是蚂蚁，甚至包括有毒的收获蚁。为了不被刺伤，蜥蜴不会直接咬碎蚂蚁，而是在用它们黏糊糊的大舌头抓到蚂蚁后，以黏液包裹住直接吞下去。

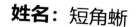

姓名： 短角蜥

绰号： 带刺的蟾蜍

分布： 北美洲

体长： 6~15厘米

站住别动！

短角蜥全身长有许多鳞片，每个都像一把锋利的匕首，是它们重要的防御武器。

毒血

短角蜥在受到威胁时，眼角会喷出一股殷红的鲜血来，射程为1~2米，以此来迷惑捕食者。血液中还含有一种味道很糟糕的化学成分，可以对一些动物造成伤害。

奇怪的哺乳动物

鲸鱼、熊、美洲虎、狐狸……全世界一共有6000多种哺乳动物，它们中有些动物的行为相当奇怪。

有毒一口

行动迟缓的懒猴主要生活在东南亚，是世界上唯一一种有毒的灵长类动物。当受到攻击时，它们肘部附近的臂下腺会分泌出一种物质，这种物质与懒猴唾液混合后就变成了毒素。你准备好迎接这有毒的一口了吗？

"鼠王"现象

　　在童话世界中，老鼠国王体格强健，头戴王冠，统治着很多臣民，但在现实中，"鼠王"是一种奇怪的现象——多只老鼠的尾巴绕在一起形成了一个解不开的结，它们只能集体行动。"鼠王"现象一度被看作瘟疫暴发的预兆，但科学家猜测，这些老鼠只是不小心把尾巴扭在一起打成了死结。

巨量储存

　　鼹鼠非常喜欢吃蠕虫，它们会把蠕虫储存在一个特殊的地下小房间中。鼹鼠每天要吃掉相当于自己身体重量60%的蠕虫，难怪一个小房间就能藏370条虫子！为了防止蠕虫逃跑，鼹鼠会用有毒的唾液麻醉蠕虫，这样还能保持食物新鲜美味。

夸张的爬行动物

蛇、鳄鱼、海龟和蜥蜴都是爬行动物。蛇和蜥蜴用舌头感知空气中的化学分子粒，这就是触发它们嗅觉的方式。如果面前有双臭袜子，至少我们还可以捏住鼻子，但想象一下你要是用舌头来闻味儿……

食卵蛇容易紧张，受威胁时会摩擦自己的鳞片，发出嘶嘶声，来警告威胁者。

好大的嘴

食卵蛇主要生活在非洲，它们的咽喉和颈都非常有弹性，可以吞下比自己的头大数倍的蛋。一旦把蛋吞进肚里，它们会利用突出的脊椎骨和肌肉将蛋壳捣碎，留下里面的液体，并把蛋壳吐出来。

壮士断腕

狗狗摇动尾巴意味着高兴，但壁虎摇动尾巴可就是另外一个意思了。当受到捕食者的威胁时，壁虎会摇动尾巴，诱使捕食者以此为目标。如果捕食者上当了，壁虎就会迅速断掉自己的尾巴，然后马上逃跑。

溜了！

多头多智慧

棘蜥是原产于澳大利亚的爬行动物，它们有很多技巧帮助自己逃生。除了全身长满坚硬的尖刺，棘蜥还有一个假头。当受到攻击时，它们会低下自己的真头，用假头来迷惑捕食者。它们还能给自己充气，让身体变得更大，无法被捕食者吞下。

鸟类行为

世界上大约有1万种鸟，其中大多数可以飞，当然也有少数不会飞。很多鸟能跳跃、游泳、潜水，甚至奔跑。

大嘴巴

鹈鹕是一种大型鸟类，它们喉咙的位置有育儿袋，与肚子相比，能容纳更多的东西。鹈鹕捕鱼时会用大嘴把鱼舀起来，但同时也会让喉囊中装满海水。它必须先收缩喉囊，把水挤出来才能享用美食。鹈鹕也吃海鸥和乌龟。

晚餐来啦

伯劳鸟是一种小型鸣禽，它们看起来很柔弱，事实上并非如此。伯劳鸟是十分凶猛的捕食者，能够猎食几乎和自己一样大小的猎物。它们还会把老鼠和蜥蜴等更大的猎物穿在棘刺上撕食。

什么味儿啊？

麝雉是南美的热带鸟类，也被称作"臭鸟"。据说，麝雉闻起来很像牛粪——这是它们吃掉的叶子和花在消化系统里发酵时间过长造成的。

小心大长腿

鹤鸵体形巨大，生活在东南亚和澳大利亚的热带丛林中，也被认为是最能对人类构成威胁的鸟。鹤鸵有锋利的爪子、有力的腿，踢人时能致人死亡。

神奇的两栖动物

世界上有几千种两栖动物，比如蟾蜍、青蛙和蝾螈。它们既能生活在水里，也能生活在陆地上。

冰冰冰……蛙

木蛙的蝌蚪吃的是海藻、卵……还有其他蝌蚪！

木蛙遍布北美，在天气很冷时它们的部分身体被冻成冰块却仍然可以存活。这是由于它们的主要器官内含有防冻的物质。即使它们已经停止了呼吸，心脏也不再跳动，一旦天气回暖，木蛙就又可以活蹦乱跳了。

你可得赶紧从里面逃出来呀！

黏糊糊的脚丫

你如果不小心踩到过口香糖,那就可以想象做一只树蛙是什么感觉了。树蛙的脚垫上会分泌黏液,这有助于它们附着在树上或叶子上。它们可以及时清理脚下的脏东西,每迈出一步都能释放干净新鲜的黏液。

一餐顶十年

洞螈是蝾螈的一种,它们生活在黑暗的洞穴中。洞螈几乎看不见东西,但味觉、嗅觉和听觉十分发达。它们游起来很像鳗鱼,能一口吞下整个猎物。由于一次能吃掉很多食物,洞螈可在不进食的情况下存活近10年!

我饿了。

但你6年前刚吃过饭呀!

蜣 螂

人们对于动物粪便避之唯恐不及，而蜣螂（屎壳郎）却是爱不够！大部分蜣螂只喜欢草食动物（只吃植物的动物）的粪便，因为其中含有未消化的草和带臭味的液体。如果便便太干，那么蜣螂就不能从中吸取它们所需的营养了。

蜣螂宝宝

蜣螂也在粪便中产卵，这样小宝宝一孵化出来就有的吃。

超级强悍！

别看蜣螂很小，其实它非常强壮，它可以举起重量是自己体重50倍的粪球。以这个比例来计算，蜣螂可谓超级大力士了。

寻寻觅觅

虽然蜣螂大部分时间在地上，但它们也有翅膀，可以飞行好几米，方便在附近寻找理想的便便。

姓名： 蜣螂

绰号： 屎壳郎

分布： 除了南极外的地方

体长： 1~10厘米

古怪的昆虫

昆虫虽然体形很小，却是世界上种类最多的生物。它们的数量也很惊人，据说地球上的人与昆虫的比例是1比14亿。

嘿！冰箱在这边，你个傻瓜！

无头的"小强"

蟑螂在没有头的状态下仍然可以存活好几周。这是因为它们的呼吸方式与人类不同——蟑螂的气孔在腹部。不过由于无法进食和喝水，不久它们还是会死掉。

液体弹攻击

放屁虫可以从屁股释放出化学臭弹，这种喷射而出的液体足以灼伤人类的皮肤。在被青蛙吞入口中时，这个技能还能救它们一命，因为一旦尝到这种可怕液体的味道，青蛙就会马上吐出放屁虫。

看不到我！

猎蝽在吸干蚂蚁后，会把它们的尸体摞起来放在背上，以此来伪装自己。

摞高高

瘤蛾毛毛虫生活在澳大利亚，体形很小。鉴于其有趣的生长方式，它们获得了两个绰号，一个是"独角兽毛毛虫"，一个是"疯帽子毛毛虫"。它们长大蜕皮后，会把自己旧脑袋的空壳顶在真脑袋之上摞起来，看上去就像独角兽的角。在完全变成蛾子之前，最多可以摞13个！据研究，这种行为是一种自我保护，在面对捕食者时那些空壳可以迷惑对方。

可怕的鱼

目前已知世界上约有3万种鱼，并且每年还有新发现。化石记录显示，4.23亿年前，鱼类就已经出现在地球上了。

你来呀！

吃素的食人鱼

帕库食人鱼生活在南美洲，有时也被称为"素食食人鱼"。与其他食人鱼不同，帕库食人鱼的食物主要是掉落在水中的坚果，当然它们也会吃其他小鱼。帕库食人鱼的牙齿很像人类的牙齿，可以帮助它们嗑开坚果。

致命的美食

受到威胁时，河豚会吸入水和空气，把自己变成一个圆球，膨胀为原来的两倍大小。这样捕食者就很难对它们下口了。河豚毒性很大，一只河豚足可以杀死30个人。虽然有如此剧毒，但河豚在日本却是一种珍馐美味。

一场狂欢

最让人闻风丧胆的鱼是食人鱼。它们生活在南美洲，有尖尖的匕首状牙齿。红腹食人鱼的牙齿比其他食人鱼的更锋利、更强悍。它们集体作战，聚在一起攻击大型动物，几分钟内就可以将猎物撕碎。

吹泡泡

你有没有吐过泡泡？往泡泡里面再放一个蛋怎么样？这是很多鱼类的做法。有很多鱼类在排出卵后，会把卵放在嘴里，裹上黏液后再通过吹泡泡的方式给它们造一个"窝"。于是"窝"就会浮到水面上，直到小鱼孵化。

它们漂得可真快！

空中世界

并不是只有鸟类才能上天，很多动物都能在空中"飞行"，比如蛇、松鼠，甚至还有一些海洋生物！

飞高高

飞蜥生活在东南亚的丛林中，它们可以完美躲避只在地面上活动的捕食者。飞蜥生有翼膜，可以让它们从一棵树滑翔到另一棵树。飞蜥的长尾巴则是用来控制方向的。

毛茸茸的"纸"

猫猴生活在东南亚的热带丛林中，大部分时间都倒悬在树上。猫猴从颈部到尾巴都覆盖着一层飞膜，全身伸展开后看上去就像一张毛茸茸的纸片。飞膜使得它们可以借助风力，在树与树之间滑翔。

达尔文在小猎犬号上的那段航行经历非常有名，其中就明确记载了在甲板上看到的飞蜘蛛！

自带"热气球"

虽然蜘蛛没有翅膀，但这并不影响它们在空中活动。为了飞行，它们会爬到一个高点，把腹部抬高，吐出几缕蜘蛛丝，借助微风和大气电场的力量让自己飞起来。根据目前的发现，它们可以到达空中约4千米的高度，甚至会出现在离陆地1600千米远的海洋上空。

别有乾坤

和陆地上相比，地表之下或海洋之下完全是不同的世界。潜入幽暗的海洋，挖掘深层的土壤，那里有很多不同的生物。

地下"魔鬼"

根据目前的研究，在陆地最深处生活的动物是一种叫作"魔鬼蠕虫"的虫子。这种虫子在南非一座金矿距离地面3千米处被发现，它们能够承受高压和高温。

万能的屁股

海参生活在海洋中，它们的身体很长，属于棘皮动物。在受到威胁时，它们会射出自己的内脏，几周之后，一副新的内脏就会长出来。海参的屁股功能强大：可以是嘴巴，吞食海藻；可以是肺，通过与之相连的呼吸树完成气体交换；可以是武器，喷射内脏吓跑捕食者；当然还有排泄的功能。

没空儿！

黏糊糊的海蛞蝓

海蛞蝓生活在热带海域，会分泌黏液。它们颜色丰富且艳丽，可以向你展示出自己刚刚吃了什么，因为在进食后，它们会吸收并显示食物的颜色。

啊哈，有人偷吃了巧克力！

沉浮靠屁

你也许是用游泳圈来辅助游泳的，但海牛却不走寻常路，它们通过控制放屁来实现上浮或下沉。如果想浮到水面，海牛就必须忍住屁；如果想下沉，它们就要把屁放出来。

你跟我说一声再放啊！

好多好多便便

无法否认的一点是，世界上所有的动物都会排便。根据排便量的不同，它们有很多处理便便的有趣方式呢！

粉色便便

阿德利企鹅遍布南极洲，它们非常喜欢吃磷虾（一种微小的粉色甲壳动物）。阿德利企鹅吃了太多磷虾，以至于便便也变成了粉色。便便被弄得到处都是，甚至弄到了企鹅自己身上。大面积的粉色是如此耀眼，从太空中都能看见呢。

虽然体形小，但阿德利企鹅却很勇猛，可以捕到比自己更大的猎物。

双领鸻生活在埃塞俄比亚、索马里、南非和坦桑尼亚等地。它们的蛋与石头的颜色一般无二，以此来迷惑想要偷蛋的捕食者。

方形便便

袋熊原产于澳大利亚，是世界上唯一可以拉出方形便便的动物。袋熊便便的形状是在经过肠道排出体外的过程中形成的。一些科学家认为，方形的便便不容易滚走，这样有利于袋熊更好地标记领地。

蜜獾

蜜獾的名字来源于它们喜食蜂蜜和蜜蜂幼虫的习性。它们的咬合力非常大，牙齿足以穿透龟甲。蜜獾还对毒素免疫，吃起蝎子和蛇来毫无压力。

使用工具

蜜獾是很聪明的动物。它们是除了灵长类动物外为数不多可以使用工具的动物。在被关起来的状态下，它们可以相互合作，一起打开大门。

超级臭

蜜獾尾巴下面有一种特殊的腺体，从这里可以喷出一种很臭的液体用来保护自己。40米之外都可以察觉到这种味道的存在，这可接近一个足球场的宽度了。

姓名：蜜獾

绰号：非洲一霸

分布：非洲、中东和
　　　印度等地

体长：60~100厘米

小心！

蜜獾是个暴脾气的家伙，可以对峙比自己体形大得多的动物，比如狮子和羚羊。

好吧，好吧！我走！

47

惊悚的生物

地精、吸血鬼、怪兽，这些都是从恐怖故事里走出来的恶魔。但在动物世界中，它们是真实存在的。

小怪兽

吉拉毒蜥的名字来源于它们的栖息地——美国的吉拉河盆地。很多生物是通过一根尖刺将毒液注射给猎物的，但吉拉毒蜥则是咬住猎物不放，然后大嚼特嚼。人类至今都没有发现对抗其毒液的血清，所以千万离这种毒蜥远一点儿！

雪人蟹

雪人蟹是在2005年才被发现的物种。它们披着一身和雪人类似的毛。雪人蟹生活在洋底靠近火山喷发口的孔穴中。它们的食物主要是长在自己毛茸茸钳子上的各种细菌。

魔鬼鲨

魔鬼鲨学名叫"欧氏尖吻鲛"，生活在洋底。它们的吻比以凶猛著称的沙虎鲨的还要尖，还要长，而且能屈能伸。这种动物样子十分恐怖狰狞，因此被人们称为"魔鬼鲨"。它们利用长长的吻搜寻猎物，当探测到猎物后，会将双颌突然伸出，用十分尖利的牙齿咬住猎物，然后整个吞下去。

就差……一点点……

水中"吸血鬼"

你弱爆了！

虽然被叫作吸血鬼鱿鱼，但它们却不是吸血鬼。这种鱿鱼全身暗红色，触手之间的皮肤看上去也很像吸血鬼的大斗篷，因此得了这样一个吓人的名字。在受到威胁时，吸血鬼鱿鱼会在水中喷出闪光的黏液来迷惑捕食者。

螳 螂

螳螂前腿的姿势很特别，看上去好像正在虔诚祈祷。它们的前腿上还有好多锋利的尖刺，有助于夹紧和捕猎食物。螳螂反应很快，它们可以迅速用前腿上的尖刺刺入猎物的身体，然后再咬掉猎物的脑袋以防其逃跑。

全方位观测

螳螂一共有五只眼睛，脑袋可以自由转动，这样可以很好地环视四周。螳螂有两只眼睛在两侧，用来感知动作和光线，其他三只眼睛在中间，用来看东西。不过螳螂只有一只耳朵，长在肚子上。

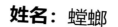

姓名：螳螂

绰号：刀螂

分布：热带、亚热带、温带的大部分地区

体长：1~15厘米

无比凶猛！

　　螳螂利用自身的颜色，把自己隐藏在植物中，这样既能躲避天敌也能伏击猎物。它们可是凶猛的捕食者，甚至连蜂鸟都可能成为其盘中餐——尤其当蜂鸟在植物上寻找甜液而离螳螂太近时。

各显其能

对动物来说，想要生存下来，适应性很重要。有些动物进化出了特殊的技能，让它们能有效击退捕食者。

平地惊雷

你能用鼻子吹泡泡吗？枪虾就能做到！这种小型生物有一对螯，一大一小。较大的那一只用来戳破泡泡，由此产生的冲击波可以立刻杀死猎物。泡泡破裂的声音太响了！在第二次世界大战中，枪虾甚至被用来掩盖潜艇的声音。

我可是全副武装的！

肋骨也能用

西班牙有肋蝾螈，得名于它们防御天敌的方式。当受到威胁时，它们尖利的肋骨可以刺穿自己的皮肤，这样捕食者便无从下口。肋骨上的毒液有可能置捕食者于死地。

恐怖蛙

毛蛙原产于西非，在受到威胁时，它们可以折断自己的脚趾，露出尖锐的骨刺。青蛙瞬间"长"出像猫咪般的利爪的情况实在是太少见了，因此毛蛙也被称为"恐怖蛙"。

自 爆

白蚁原产于法属圭亚那，它们腹中有一种蓝色的晶体。在被捕食者咬伤后，白蚁的腹部会炸开，其中的蓝色晶体混合着它们的唾液，可以制造出一种有毒的蓝色液体，让自己和捕食者同归于尽。

看，河马！

河马是半水栖动物，它们体形很大，胃口也大得惊人——每晚可以吃掉大约35千克的草。这样的食量也意味着它们的肠道会产生很多气体，不过可能与你想象的不同，河马的屁一点儿都不响亮，通常声音是很小的。

天然保护

河马大部分时间都在水里，以避免太阳火辣辣的炙烤。当离开水时，河马的皮肤表面会渗出一种红色的油状液体，既能降温又能防晒。

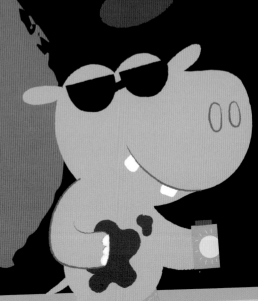

嗖嗖嗖

河马在排泄时会摇尾巴，把便便尽可能地往远处甩——据说最长距离可达10米，就跟一辆小型公共汽车那么长。这种做法也是河马标记领地的方式。

姓名：河马

绰号：河中之马

分布：非洲

体长：3.3～5米

危险！

河马很好斗，它们会用长长的牙齿攻击任何威胁到自己的生物，也包括人类。河马跑得还很快，时速能够达到30千米。

讨厌的寄生虫

寄生虫是生活在其他动物（包括人类）体外或体内的一种生物体。寄主通常比寄生虫大很多。一些寄生虫可以传播疾病，引起寄主疼痛。有的寄生虫可以完全不被寄主察觉！

双盘吸虫可以感染蜗牛的眼柄，使之看起很像毛毛虫。如果鸟类吃下被感染的蜗牛，双盘吸虫还可以在鸟类体内继续繁殖。

如此养娃

您说什么是什么。

一些寄生性的雌性黄蜂会在交配后寻找合适的寄主——通常是圆网蜘蛛，黄蜂会用自己的毒素对其进行控制。在使用毒素麻痹蜘蛛后，黄蜂会把卵产在蜘蛛腹部，等卵孵化后，幼虫会释放一种化学物质，让蜘蛛围绕自己织出一张全新的网。这张网对黄蜂幼虫来说类似一个茧。一旦新网织成，黄蜂幼虫就会杀死蜘蛛并把它吃掉，从而获取丰富的蛋白质。

舌头拿来

食舌虫，顾名思义，其雌性会把自己附着在鱼类的舌根上并吸食血液，直到舌头因缺乏营养而萎缩。这还没结束，食舌虫会取代鱼的舌头，以鱼类的血液或分泌物为食。但很奇怪的是，被寄生的鱼并不会死亡，二者可以共存很多年。

如此吸血

蜱虫是一种小型蛛形纲动物（令人毛骨悚然的八条腿爬虫）。为了填饱肚子，它们通常会潜伏在草叶上等待寄主。一旦得手，蜱虫会把自己的头埋进寄主的皮肤两三天，吸饱鲜血后身体可以变成原来的两倍大小。

该嘘嘘了

尿液来自血液中分离出来的水与其他废物，在肾脏中形成，然后被运送至膀胱储存起来，积累到一定量就需要上厕所排出。而有些动物是通过它们触角上的小开口来将尿液排出体外的，真是奇特啊！

快吃吧，孩子们！

哦，老鼠！

老鼠会在它们的食物上小便，这样会留下一种气味，告诉小老鼠这食物是安全的。

呃……谢了！

滴答滴答

一些体形更小的动物体内没有足够的尿液，它们只能排出几滴。

预备，喷射！

犀牛的小便方向是朝后的，不仅如此，尿液有时还会喷射出来，以吸引其他犀牛的注意。犀牛最远可将尿液喷出4米，大约一辆小轿车那么长。

夜光嘘嘘

猫咪的尿液可在夜里发光，因为其中磷的含量很高，在紫外光下，尿液会变得亮闪闪。

所有体重大于1千克的哺乳动物，每次排尿的时间都基本相同，即21秒左右。也就是说，一头大象跟一只猫咪嘘嘘的时间一样长。

口水大战

在动物王国中，啐唾沫和流口水等动作都是有目的的，很多动物都用它们的唾液来清洁、沟通，甚至捕猎。

水枪喷射

喷毒眼镜蛇在英文中叫作"口水眼镜蛇"，但实际上它们并不是真的吐口水，而是把毒液像水枪滋水那样喷射出去。毒液通过它们中空的毒牙喷出，直奔对方的眼睛，射程可超过2米，就像长颈鹿的脖子那么长！

一击必胜

射水鱼通过喷水来捕捉小虫子和其他小动物。它们多选择在植物上或石头旁栖息的动物，用喷射出来的水流冲晕猎物，待其掉落后就可以迅速美餐一顿。射水鱼通常是团体作战，这样能提高命中率，使团体成员都能填饱肚子。

太尴尬了

你小时候有没有经历过这样的尴尬场面——妈妈在纸巾上吐了口水然后给你擦脸？袋鼠宝宝也许跟你有同样的感受。袋鼠妈妈会把自己的口水吐在宝宝身上来给它们降温。

妈，够了！

生物特性!

科莫多巨蜥

科莫多巨蜥分布在印度尼西亚的岛屿上，它们是世界上最大的蜥蜴，身体很强壮，有着鳞状皮肤、短腿以及像身子那么长的尾巴。这种动物很迷人，也很可怕，可怕到让人毛骨悚然。

先吐再跑

美国史密森尼国家动物园和保护生物研究所称，在受到威胁时，科莫多巨蜥会把自己胃里的东西都吐出来，这样可以跑得更快。

锯子般锋利

科莫多巨蜥有60颗锯齿状牙齿，也就是说每颗牙齿都有很多小尖头。这样它们可以更容易地撕咬猎物的肉和骨头。

姓名： 科莫多巨蜥

绰号： 陆上鳄鱼

分布： 印度尼西亚

体长： 1.8~3米

饮食多样化

科莫多巨蜥是肉食动物，可以吃下比自己大得多的猎物，比如水牛和鹿。它们也吃猪、小型蜥蜴甚至人类。

臭臭的宠物

　　猫咪、狗狗、仓鼠、小鱼、兔子，甚至狼蛛，我们身边的宠物多种多样。其实它们也有一些吓人的习性，让最爱护它们的主人感到不安。

兔子有时不能完全消化吃下的食物，这种情况下它们会吃掉自己的便便来充分吸收营养。

毛茸茸的烦恼

　　猫咪在舔毛时会咽下掉落的毛，有些毛会随着猫咪的便便排出，但有些会留在猫咪的胃里，形成毛球。猫咪会把毛球吐出来。毛球直径在2.5厘米左右，形状类似香肠。

> 嗯！早餐、午餐和晚餐！

狗狗经常会吃掉自己的呕吐物，因为这在它们看来只是另一种食物。狗妈妈会吐出食物喂养宝宝，以帮助小狗从喝奶过渡到吃硬质食物。狗狗吃掉自己的便便也是常事，也许是由于饥饿、沮丧、缺少营养，或者只是单纯地因为它们喜欢这个味道。如果下次有只狗狗要舔你的脸，你最好先确认它上一顿吃的到底是什么！

牙齿问题

仓鼠是一种小型宠物，它们有着厚实且柔滑的皮毛和短小的尾巴。仓鼠的牙齿是一直在生长的，所以它们需要通过食物来磨牙，有时甚至需要特殊工具进行修剪。虽然爸妈总是唠叨着让你刷牙，实在是烦不胜烦，但总比牙齿被剪掉的好！

猎食者觅食中

猎食者是以其他动物为猎物的动物。它们是肉食者，通常吃的是草食动物，但也会吃掉比自己弱小的肉食动物。无论是埋伏还是追捕，它们会想尽一切办法抓到猎物。

狂 舞

白鼬是一种小型哺乳动物，常见于林地。它们有尖尖的脸、小小的耳朵，与黄鼠狼是近亲。它们的猎物包括像老鼠和田鼠这样的小动物，也有比自己大很多的其他动物。比如，为了抓住兔子，白鼬会跳一段十分劲爆的舞蹈以迷惑兔子，然后趁机向它扑过去。

哦，哦！
哈，哈！

老奸巨猾

　　据说，老虎会通过耍诡计来攻击猎物。我们都知道老虎会咆哮，其实它们还会模仿其他动物的叫声，比如鹿和猴子。有些动物会被这些声音引诱来，然后老虎就有了可乘之机。它们实在是太凶猛了，只需要一爪子就可以让猎物直接毙命。

专吃同类

　　玫瑰狼蜗来自美国，它们的移动速度很快，是其他蜗牛移动速度的三倍，因此足可以攻击和吃掉其他蜗牛。在下口之前，这种捕食者会偷偷溜到猎物身后，有时可以连壳一起整只吞掉对方。

我看看谁不害怕我！

倒霉的野兽

很多民间传说和故事都会把某些动物和厄运联系在一起，其中最有名的当数黑猫——虽然它在日本象征的是好运。

死亡手指

指猴是狐猴的一种，分布于马达加斯加沿海森林。它们的中指特别长，专门用来捕捉藏在中空树枝里的幼虫。这根中指被称为"死亡手指"。

漂亮的粉红色

粉红色海豚生活在亚马孙河流域。虽然它们刚出生时是灰色的，但随着年龄增长会变成粉红色。粉红色海豚的攻击性较强，尤其是雄性，它们之间经常打架，因此常常遍体鳞伤，伤愈后会留下粉红的疤痕组织，这被认为是它们红色皮肤的由来。当然也有一部分原因是血管充血后让它们的皮肤呈现出绝美的粉红色。

哎呀，妈妈，快别提了！

看看这张你小时候的照片，多可爱！

六只乌鸦

在欧洲，人们认为乌鸦代表着死亡，因为它们外表凶悍，叫声响亮。还有一种说法，不同数量的乌鸦有着不同的含义。六只乌鸦是最糟糕的，意味着死亡将会降临。当然这都是无稽之谈。

嗒嗒！

不祥的叩头声

报死虫生活在木质家具或木质建筑中。它们不过一粒米大小，却可以带来巨大危害。雄性报死虫会在木材上叩头，以吸引雌性，迷信的人听到这种叩头声会认为将遭遇厄运。

你管这个叫好运？

也有好运

不是所有动物都会带来厄运，有的地方把黑蚂蚁看作发财的预兆，有些人相信青蛙可以带来好天气，古埃及人则认为甲虫可以带来好运。

美国大鲵

美国大鲵是两栖肉食动物，身体表面有一层黏液。它们的头部和身体扁平，四肢短粗，还有一条像船桨似的尾巴。这样的身形很适合在溪流与江河中生存。

皮肤也能呼吸

在两岁前，美国大鲵通过鳃来呼吸，等到鳃消失后，它们就会用肺呼吸，但由于肺发育不完善，因而需要借助湿润的皮肤进行气体交换。

只此一次

与蝾螈不同，美国大鲵的四肢没有再生能力，一旦被咬掉就长不回来啦！

姓名：美国大鲵

绰号：美国娃娃鱼

分布：美国

体长：24~40厘米

如此守卫

为了能够给雌性创造产卵环境，雄性美国大鲵会积极地寻找合适的洞穴。产卵后，雄性就会把雌性赶走，自己守护宝宝，因为雌性常常会吃掉自己的卵。

呕 吐

在英文中，"呕吐"这个词有很多说法。呕吐可以帮助身体排出有害物质，动物也可以通过呕吐来保护自己，甚至还能将呕吐物作为食物。哎哟，我要吐了……

呕吐物飞弹

土耳其秃鹫会将呕吐物吐向捕食者，然后自己趁机逃跑，留下一摊酸性呕吐物在对方身上。它们可以把呕吐物喷出3米远，大概跟篮筐的高度差不多。

宝宝的呕吐物

蓝胸佛法僧是一种小型鸟类，生活在非洲、亚洲和欧洲。它们的幼鸟会吐出一种橙色的液体来让捕食者丧失食欲。这种液体的味道可以提醒鸟爸鸟妈，它们的孩子可能遭到过袭击，捕食者也许还在附近，回巢的时候要多加小心。

传递甜蜜

很多人认为蜂蜜是蜜蜂的呕吐物，但事实并非如此。采完花蜜后，工蜂会把蜜液储存在它们的蜜囊中，等蜜囊装满后，它们就会返回蜂巢，将花蜜吐给加工蜂，加工蜂将唾液腺分泌的转化酶和花蜜混合进行加工，通过一只传递给下一只的方式，最终酿成香甜可口的蜂蜜。

几千年来，蜂毒一直被用来治疗某些疾病！

孩子吐了！一定有什么东西来了！

烂掉也能吃

很多动物会吃掉已经放了好几天的、腐烂的食物。这种吃腐烂的肉或者植物的动物被称为食腐动物，包括一些鸟、哺乳动物和昆虫。

嗯哼，最好的留到最后！

吃干抹净

斑鬣狗技术高超，可以捕捉到牛羚、鸟、蜥蜴和蛇。它们也是高效的食腐者，可以快速打扫其他捕食者留下的"边角料"。有力的下巴和锋利的牙齿使得斑鬣狗能够撕咬开厚厚的肉，轻易地嚼碎骨头。它们不浪费一点儿食物，会把动物身体上的每一个部位都吃掉，包括牙齿。

不是所有的食腐动物都要等到猎物死掉再下口。比如绿头苍蝇，它们虽然吃腐烂的尸体，但也会啃食活牛身上伤口旁的腐肉。它们还在粪便或腐肉上产卵，这样蛆虫孵化出来后就有东西可吃了。

毫不浪费

豺既捕食猎物也吃腐烂的食物。它们一般集体行动，可捕猎到小型羚羊、鸟和爬行动物。不过，它们的主要食物还是被更大的捕食者猎杀的动物。虽然这肉可能已经烂了好几天了，但在豺看来却是美味佳肴。它们也会把腐肉分享给自己的孩子。

生物特性！

鹦嘴鱼

鹦嘴鱼这个名字来源于它们形似鸟喙的嘴。鹦嘴鱼用它来刮取珊瑚礁上的藻类，还可以把成块的珊瑚从礁石上撕扯下来，然后用它们类似人类的牙齿把珊瑚嚼碎、消化，最终排出像沙子一样的便便。根据科学家们的分析，热带珊瑚礁周围80%的沙子都来自鹦嘴鱼的便便。

非自然物种

鹦嘴鱼并不是一个自然物种，它是由红魔鬼鱼和紫红火口鱼杂交而成的。杂交结果表现出极强的多样性，于是就出现了血鹦鹉鱼、紫鹦鹉鱼、金刚鹦鹉鱼等很多个品种。

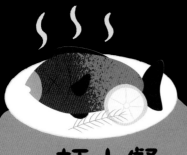

一顿大餐

鹦嘴鱼在世界上很多地方都被认为是美味佳肴。在波利尼西亚，它们一度被认为是"皇家食物"，只有国王才能享用。

姓名： 鹦嘴鱼

绰号： 鹦鹉鱼

分布： 印度洋及太平洋等海域

体长： 30~120厘米

泡泡的保护

到了晚上，一些鹦嘴鱼会藏在礁石的裂缝中，另一些则会把自己埋进沙子，还有一些会做出一个由黏液制成的保护膜，并在其中休息。这个类似气泡的保护膜味道很糟糕，这样可以掩盖鹦嘴鱼本身的味道，让捕食者很难发现它们的存在。到了早上，这个"睡袋"就被扔掉了。

全是刺!

动物身上的刺主要有两种用途——抓捕猎物或是避免自己被吃掉。昆虫、水母、刺鳐……在动物王国中,很多很多动物都是带刺的!

火辣辣

火蚁得名于被它们刺伤后那火辣辣的感觉。极多的火蚁聚集起来,足可以打败比它们大很多的动物,比如乌龟。它们主要分布于南美和北美,一个群落生活着多达20万只火蚁。

不速之客

亚利桑那树皮蝎生活在美国南部和墨西哥北部。它们在夜间捕猎,主要吃蟑螂、蟋蟀和蜘蛛。亚利桑那树皮蝎可以根据猎食对象的体形大小来控制毒液的注射量。它们也很善于攀爬,经常会出现在树上。不过令人担忧的是,它们也会出现在家里的水槽、浴缸和橱柜中。

嘿,你家水池不错啊!

剧毒的棘刺

世界上毒性最强的鱼是石鱼，它们生活在澳大利亚南部海岸。石鱼的背鳍上长有12~14根粗硬又锋利的棘刺，每根都带有剧毒。它们善于伪装，经常会被误认为是珊瑚或者石头，人们有时会不小心一脚踩上去……

生物特性！

水熊虫

水熊虫很微小，是需要用显微镜才能看到的水生动物，分布在世界各地。它们的身体又短又胖，有8条腿，每条腿末端都有4~8个爪子。它们被认为是世界上最顽强的生物。

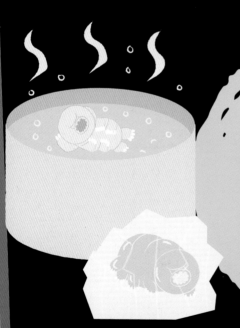

极寒极热

水熊虫可以忍受零下200摄氏度的寒冷，也可以经受148摄氏度的高温。所以无论是被冻了还是被煮了，它们都可以活下来。

脱水休眠

为了能在极端条件下生存，水熊虫可以收起自己的胳膊和腿，把自己蜷缩成一个脱水状态的小圆球。如果把它们放到水里，过几个小时它们就能苏醒过来。

无限可能

2007年，科学家们发现水熊虫可以在宇宙中存活。它们在真空状态下居然连续忍受了10天来自太阳的辐射。2019年，一架以色列航天器在月球坠毁，上面携带的水熊虫也许能在月球上存活下去呢。

姓名： 水熊虫

绰号： 苔藓小猪仔

分布： 全世界

体长： 0.05~1.4毫米

世界真奇妙

从巨鲸到小蚂蚁，每片大陆上都生活着多种多样的动物。让我们环游世界，看看这些不可思议的动物吧。

食肉蝙蝠

假吸血蝠是一种食肉的蝙蝠。它们吃青蛙、鸟、蜥蜴和昆虫，甚至还吃其他蝙蝠。它们翅膀上的毛呈浅灰色，看起来很像幽灵。

蛛尾诱饵

蛛尾拟角蝰是生活在伊朗的蝰蛇品种，它是动物界中高明的伪装者，除了能完美将自己融入周围环境外，它的尾巴还酷似一只蜘蛛。蛛尾拟角蝰通过摇动尾巴引诱鸟类进入攻击范围，当鸟扑过来捕食"蜘蛛"时，蛛尾拟角蝰就会趁机发动进攻。

闻尿识亲

白足鼬狐猴通过共享"厕所"（通常是一棵树）来保持与家人的联系。它们之间平时很少互动，但通过共用"厕所"，白足鼬狐猴可以闻到其他家庭成员尿液的味道，知道自己并不孤独。

爱捅蜂窝

蜜熊是肉食动物，跟浣熊是近亲。由于经常为了口腹之欲而捅蜂窝，它们也被称为"蜂蜜熊"。蜜熊大部分时间待在树上，可以把后腿向后翻转以便于在树上来回穿梭。

等一下，我应该往哪边走？

83

生物特性！

睫角棕榈蝮

　　睫角棕榈蝮，得名于它们眼睛上方看上去很像眼睫毛的独特鳞片。它们有很多颜色，其中绿色和黄色是最常见的。睫角棕榈蝮的颜色取决于它们的栖息地，绿色的常见于森林和草丛中，黄色的常见于香蕉园附近。有些睫角棕榈蝮会突然出现在一盒进口香蕉里，我的妈呀！

我的我的

　　当两条雄性睫角棕榈蝮都想找伴侣时，它们会表演一段舞蹈，试图吓跑对方。

自己都打结了，笨蛋！

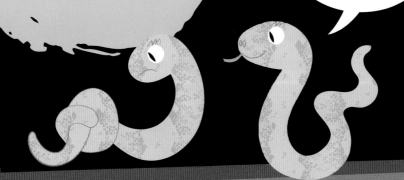

姓名：睫角棕榈蝮

绰号：睫毛蛇

分布：南美洲和中美洲

体长：50~80厘米

树上的猎食者

睫角棕榈蝮是树栖的，也就是说它们在树上生活，通常会潜伏在藤蔓和树叶之间。它们有两颗尖牙，可向猎物注射毒液。

在这里！

如同其他蝮蛇一样，睫角棕榈蝮的头部具有热敏性，可以帮助它们找到温血动物。它们会埋伏起来，等待合适时机发动进攻，再把猎物整个吞掉。

惊人之举

动物会使用各种各样的方法来捕猎、移动和防身，有些甚至还能使用电。接下来，我们一起看看这些动物的惊人之举！

带电攀爬

壁虎以爬墙、爬天花板的能力而著称，但几乎没人知道它们是怎么做到的。虽然有些人认为是因为壁虎脚上有细小的绒毛，但最新的研究表明，也许是因为壁虎脚下有静电。

保护自己

观星鱼的眼睛长在头顶上，眼睛后面有一个特殊器官，可以产生电流来击退试图进攻的捕食者。观星鱼是有毒的，如果捕食者靠得太近，那么它们鳃盖后面的一对毒刺就会发挥威力了。

好大的力气

针鼹生活在澳大利亚、巴布亚新几内亚和马达加斯加。它们背部和体侧都有刺，还长有尖吻。吻上的皮肤对来自猎物的电脉冲非常敏感，可以帮助它们找到食物。针鼹没有牙齿，只能用它们带刺的舌头顶着口腔上颚把食物磨碎。

给我充电！

电鳗可长到1.8米长，重达90千克——跟身材高大的人差不多了！在电鳗头胸部的腹面两侧各有一个形似肾脏的器官用来蓄电，就像电池一样。电鳗会电晕猎物，然后用鳍把猎物"运送"到自己的嘴边。

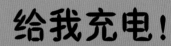

夜行动物

夜间活动、白天睡觉的动物叫作夜行动物。它们有些是为了躲避捕食者，有些是为了躲避太阳的炙烤，还有一些是为了在夜色的掩护下捕猎。

黑夜之光

萤火虫属于甲虫，一共有2000多种，但不是所有种类的萤火虫都能发光。萤火虫体内有一种叫作萤光素的化学物质，它与空气发生反应时，就会产生黄色或绿色或橙色的光，光亮的闪烁方式也有很多种。萤火虫可以表演一场"灯光秀"了。

可别让臭虫咬了！

臭虫昼伏夜出，喜欢咬人。它们能感知人类的体温，也会被我们呼出的二氧化碳吸引，从而找到寄主。臭虫跟一粒苹果籽差不多大，进食前身体扁平。它们一次可吸食重量是自己体重1~2倍的血液。

我才不瞎

世界上有近1000种蝙蝠，它们的数量在全球的哺乳动物中位居前列。蝙蝠在全黑环境下捕食，使用超声波，根据回声来定位猎物。

哪儿跑？

世界上大约有200种猫头鹰，其中大部分以小型哺乳动物、昆虫及其他鸟类为食。它们视力好，听力超群，能够在黑暗中高效捕捉到猎物。猫头鹰还有强有力的爪子，可以抓住并杀死猎物。

隆重登场的新物种

科学家们每年都会发现新物种。发现新的物种可以帮助我们更好地了解世界，更好地知道如何保护各种生物。

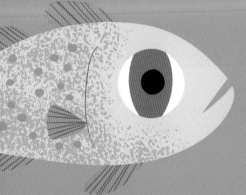

猫眼

猫眼红雀鱼有着和猫咪类似的眼睛，瞳孔呈椭圆形而不是圆形。这种动物于2019年被发现于巴布亚新几内亚。它们以浮游生物和小鱼为食，身长约为2.5厘米。

名为"尤达"的甲虫

尤达象鼻虫是一种没有翅膀的甲虫，通体亮绿色，因酷似电影《星球大战》中的尤达大师而得名。2019年被发现于印度尼西亚热带丛林中。

我跟尤达一样绿！

顺风车

哎嘿！

这种"搭便车甲虫"通常会用它们的嘴巴咬住蚂蚁的肚子，其颜色和形状都很接近蚂蚁，因此难以被察觉。它们靠吃蚁群的剩饭来过活。这种甲虫2017年被发现于哥斯达黎加。

也许你认为火尾猴很容易被看到，但其实在丛林中还是很难找到它们的！

惹火的尾巴

火尾猴属于灵长类动物，2011年被发现于亚马孙热带雨林。它们的尾巴呈鲜红色，在身上灰色皮毛的衬托下格外显眼，因此得名。它们脖子和鬓角的位置也有小部分红色绒毛。

吸干你！

吸血动物指的是以吸食其他动物的血液为生的动物。它们有些不挑食，什么部位的血都可以；有些则必须吸特定部位的血。来看看现实世界中的"吸血鬼"吧！

德古拉蚁有时会吸食它们幼虫的血液，因此得名"德古拉"。"德古拉"在西方是吸血鬼的代名词。

致死第一

鳄鱼也好，鲨鱼或是狮子也罢，根本配不上"世界上致人死亡最多的动物"这一头衔，这头衔属于一种小得多的生物——蚊子。根据世界卫生组织的报告，蚊子能传播疾病，每年约有70万人因此丧命。会咬人的是雌性蚊子，它们用尖尖的刺吸式口器穿透人的皮肤，吸取血液。

贪婪鬼

水蛭是一种分段的蠕虫，可以在陆地和水中生存。它们以动物的血液为食，包括鱼类、蛙类、鸟类，也包括人类。它们可以释放出一种特殊的化学物质来防止血液凝结。水蛭可以一次吸食数倍于自己体重的血液，吃饱需要两到三个小时！

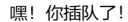

轮流吸血

吸血地雀被发现于加拉帕戈斯群岛，它们可以吸食体形更大的鸟类的血液，比如蓝脚鲣鸟。吸血地雀会直接啄食猎物的尾部，直到对方血流如注，然后便轮流吸血。

好笑的名字!

动物的名字五花八门，有的源于它们的长相，有的源于它们的声音，还有的源于它们吃起来的味道!

尖叫长毛犰狳

尖叫长毛犰狳主要生活在阿根廷、玻利维亚和巴拉圭。它们是杂食动物，什么都吃，比如植物、昆虫和小型脊椎动物。它们得名于被抓到时发出的尖利叫声。

穗纹鲨

穗纹鲨是鲨鱼的一种，长着珊瑚状的胡须和酷似珊瑚颜色的皮肤。它们通常躲在海床上，摇动尾巴吸引猎物上门。穗纹鲨生活在澳大利亚北部、印度尼西亚和巴布亚新几内亚等地。

红唇蝙蝠鱼

红唇蝙蝠鱼虽然是鱼，但它们并不擅长游泳。相反，它们可以用胸鳍在海床上"行走"。虽然红唇蝙蝠鱼的颜色是浅棕色和灰色，但鲜艳的"红唇"能使它们轻松脱颖而出。

鸡龟

不要啊！

鸡龟被发现于美国东南部，有着长长的脖子，龟壳上分布着黄色条纹。据说它们的肉吃起来很像鸡肉，因而得名。

听起来很好吃

一些动物以与其特征相似的食物命名，比如冰激凌甜筒虫、煎蛋水母、巧克力碎海星，还有菠萝鱼。

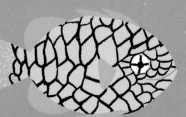

生物特性!

咸水鳄

咸水鳄是体形最大的鳄鱼，这种鳄鱼用66颗锋利的牙齿来对付猎物，比如水牛、猴子、野猪，甚至人类。咸水鳄是凶猛的猎食者，在把猎物拖下水之前会先把它们在石头上或者树干上摔打一阵，直到猎物一动不动再慢慢享用。

游泳神速

咸水鳄借助自己巨大尾巴的力量，在水中的行进速度比大多数帆船都快！

来冲浪吧

咸水鳄也会出现在开阔的海域，它们借助洋流可以到达不同的岛屿。根据科学家的追踪，一些咸水鳄可以在19天内移动402千米。

姓名：咸水鳄

绰号：咸鱼、海鳄

分布：印度、东南亚、澳
大利亚北部

体长：一般为2.5~7米

血盆大口

咸水鳄的咬合力相
当强，足以咬碎骨头。

再　生

　　动物为了生存会不惜一切代价，甚至愿意冒着失去一部分身体的危险。断掉尾巴或者断掉腿可以帮助一些动物逃离捕食者。这些动物中，有不少能重新长出失去的那部分身体。

一分为二

　　海星的腕如果被捕食者吃掉了还可以长回来。有些海星可以把自己一分为二，然后各自重新生长，成为两只海星。

这是疯了

　　在被捕食者抓到时，乌贼可以通过翻筋斗来折断自己的触手。在被捕前它们就做好了失去部分触手的准备，它们会先缠绕住捕食者，然后靠着推力让自己逃走，给捕食者留下一些触手。

留给你点儿

非洲刺毛鼠遍布非洲北部，以背上的硬毛（有点类似于刺猬的刺）而得名。它们的皮肤很容易和身体分离，如果被抓住或者被咬住，它们就会放弃那一小块皮肤逃之夭夭，而捕食者只剩下这么一小口零食了。

非洲刺毛鼠主要以植物及其籽实为食。

拜拜！

恐怖的家伙

如果这么多让人汗毛直竖的动物还没让你
看过瘾，那再来看看这些诡异的小家伙吧！

万圣节旗帜蜻蜓

万圣节旗帜蜻蜓原产于美国，因它们
的橙黄底色黑色条纹的翅膀而得
名。与大多数蜻蜓一样，它们
生活在水边，主要以蝌
蚪、水蚤等为食。

幽灵蚂蚁

幽灵蚂蚁（学名"黑头酸臭蚁"）的腹部和腿几乎透明，
头部与胸部为深棕色。这种蚂蚁特别喜欢含糖物质，因此会被
蚜虫甜蜜的分泌物所吸引。

澳大利亚麻鱼

澳大利亚麻鱼原产于澳洲水域，也叫"棺材鳐"。它们的嘴特别大，能够吞下自己身体一半大小的猎物。螃蟹和鱼是它们的日常食物，但有时它们也会吃企鹅！澳大利亚麻鱼可以瞬间放出强大的电流，用于防御和攻击。

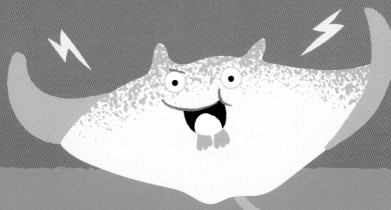

骷髅虾

骷髅虾看上去就像一副骨架，它们体形很小，只有几毫米长。它们的颜色很浅，可以伪装成海床上的植物。骷髅虾的钳子很有力，可以用来防御、清洁和捕食。在交配后，一些雌性骷髅虾会用自己锋利的钳子给雄性注射毒液，以杀死对方。

脏脏的苍蝇

苍蝇生活在除南极洲外的所有地方。虽然让人讨厌，但它们也有助于植物授粉，还能处理掉腐烂的动物尸体。全世界一共有超过12万种苍蝇，这里只展示很小的一部分。

就地取材

苍蝇对产卵的地方不挑剔，无论是便便、污泥还是腐肉，都可以成为它们的产卵地。当蛆虫孵化出来时，这些就是它们现成的食物。

看好你的头

果蝇没了脑袋也能活。科学家们发现，果蝇在无头的状态下可以清洁自己、走路，甚至飞行。虽然它们很令人讨厌，但没有了果蝇，你可能就吃不上巧克力了，因为它们可以为可可树的花朵授粉。

吸啊吸

苍蝇没有牙齿，但它们的口器很长。口器也叫作"管状长嘴"，像吸管一样，用来吸食食物。苍蝇还会把口水吐在自己的食物上，口水中的酸性物质可以溶解食物，使其变得更容易被吸入。

一代传一代

相比家蝇，马蝇的毛更多，体形更大。它们会把卵产在各种哺乳动物身上。一旦孵化，幼虫要么钻入寄主的皮肤，要么爬入寄主的嘴巴或者鼻子。一旦长到足够大，幼虫就会离开寄主，很快变成新的马蝇。

恶心的液体

口水、小便和黏液，听起来实在有点儿糟糕，但它们也有不可小觑的功能。接下来的一些场景可能会让你感觉到恶心……

多泡口水

浑身带刺的刺猬会往自己的尖刺上面吐口水。在吃完有毒的蟾蜍或植物后，刺猬的口水会产生很多泡沫，它们便用舌头和爪子把口水涂抹到全身，这些含有毒素的口水能让刺猬免于被猎食者攻击。

口吐尿液

很多动物在受到威胁时会散发出恶臭，中华鳖就是其中之一，它们可以从硬壳边缘分泌液体。但让它们在臭臭的动物中脱颖而出的，是它们排尿的方式。大部分动物是从屁股排出尿液的，而中华鳖则是从嘴里排出。

超级黏液

　　一说起黏糊糊的动物，鼻涕虫肯定第一个被想起。它们借助黏液来移动。遇到威胁时，鼻涕虫会产生一种特殊的黏液，将捕食者粘住，自己则逃之夭夭。当鼻涕虫找到一个安全的地方安家后，其黏液轨迹中的化学物质可以帮助它在觅食后原路返回家中。

呸呸呸

　　美洲驼以吐口水闻名，它们这样做是防止其他同类吃掉自己的食物、抵御捕食者进攻，或是告知其他美洲驼这里谁说了算。

来浪漫呀

动物求偶时都做些什么呢？动物王国里不光有浪漫故事，还有今世冤家。

奇特的"香水"

雄性考拉胸膛的中间位置有一种气味腺，它们用胸口摩擦树干，留下气味，以此来标记领地。这种气味很难闻，可它们就用这东西来吸引伴侣！

死亡之舞

雌性跳蛛如果没有被雄性的舞蹈所吸引，那么就会试图吃掉对方。真是难伺候啊！

这个……

实用的礼物

　　雄性盗蛛会把捕获的昆虫用蛛丝缠绕起来，当作礼物来讨好雌性。不过，雄性盗蛛在太饿的时候会把昆虫的内脏吸出来，再将昆虫打包送出去，也就是说，这种情况下，雌性收到的其实只是一副空壳。有点儿像你拆开一件礼物，结果发现只是空盒子！

吹气球

　　冠海豹可以吹起一个粉色的大气球，以此来吸引伴侣。谁吹出的气球最大，谁就是赢家。

你作弊啦！

真恶心!

动物在生活的各个方面都有惊人之举,从放屁到清洁鼻孔,类似行为多得不胜枚举!

影响世界

白蚁是世界上放屁最多的动物。这种小小的虫子甚至被认为与全球变暖问题有关,因为它们产生的甲烷实在是太多了。

哎哟,妈!

倭黑猩猩妈妈会把宝宝鼻子里的分泌物吸出,以帮助宝宝更好地呼吸——可不是为了当零食哟!

恶心。

该便便啦！

研究人员发现，所有的哺乳动物，无论体形大小，都需要同样的时长来排便。这个时间是多久呢？大约12秒。如果排便时间更久，它们可能会遭到循着便便味道赶来的捕食者的袭击。

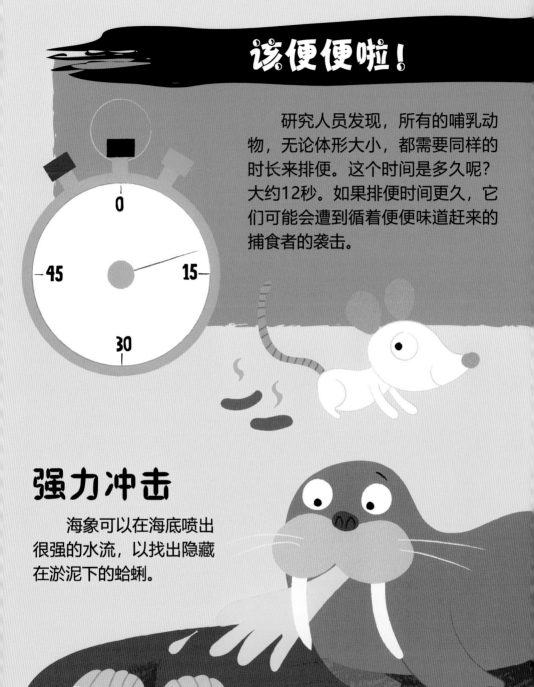

强力冲击

海象可以在海底喷出很强的水流，以找出隐藏在淤泥下的蛤蜊。

趣味游戏

动物便便

　　动物的便便各式各样，形状不同，大小不同，味道也不同。动动你的手，把动物和相应的便便匹配起来吧！答案见第121页。

趣味游戏

动物剪影

请将动物的名字和它们的剪影对应起来。动动你的手，还它们一个真面目吧！答案在第121页哟！

A 鹤鸵

B 蝉虫

C 盲鳗

D 雪蟹

E 飞蜥

F 指猴

趣味游戏

我是谁？

请阅读以下描述，判断是哪三种动物。你用了几条线索来确定答案呢？翻到第121页，答案揭晓！

1
A. 我每小时能跑30千米。
B. 我大部分时间在水里，以避免阳光炙烤。
C. 我会甩动尾巴把便便抛得很远。
D. 我的牙长长的。
E. 我的绰号叫作"河中之马"。

2
A. 我要不停地吃两到三个小时才能饱。
B. 我可以释放一种特殊的化学物质以防止血液凝结。
C. 我是一种水陆两栖的虫子。
D. 我一次可以吃掉比自己重好几倍的食物。
E. 我吸食很多动物的血液。

3
A. 我生活在热带雨林。
B. 我是一种鸟，生活在东南亚和澳洲。
C. 我是对人类来说最危险的一种鸟。
D. 我体形很大，爪子很锋利。
E. 我的腿很有力，可以踢死人。

谁的尾巴？

这些老鼠的尾巴打了结。你可以在它们解开前找到哪条尾巴属于谁吗？想知道你的答案是否正确，翻到第121页看一看吧！

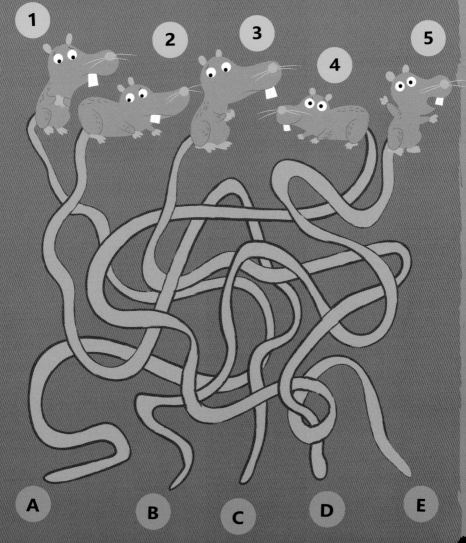

趣味游戏

你最像谁?

回答所有问题,说说你跟哪种动物最相似!

1.你的饮食习惯如何?
A.我现在就要吃
B.我身边食物充足,我需要的时候就会吃
C.我不经常吃东西,少吃一顿也完全没关系
D.我一整天吃个不停

2.哪样是你最喜欢的?
A.菜肉搭配
B.果汁
C.肉类
D.蔬菜

3.你喜欢待在什么地方?
A.空旷的地方,可以随便溜达
B.脏脏的地方
C.黑暗中
D.泥泞的地方

4.哪里是你的理想
度假目的地?
A.南非
B.埃及
C.意大利
D.索马里

5.你喜欢什么样的人际关系?
A.我总是和朋友们在一起
B.我喜欢和几个亲密的朋友在一起
C.我喜欢独处
D.我喜欢独处但也喜欢见见朋友

选C最多:
你像一只蝾螈!

选D最多:
你像一只河马!

选A最多:
你像一只蜜蜂!

选B最多:
你像一只屎壳郎!

找不同

你能找出两幅图中的10个不同之处吗？用笔圈出这些不同之处吧！第121页有提示哟！

判断真假

答案见第121页。

趣味游戏

1 麝雉也叫作臭臭的鸟，
味道很像狗屎。

2 一只箭毒蛙的毒液可以
杀死10个人。

3 世界上只有10种蝙蝠。

4 蟑螂不会死。

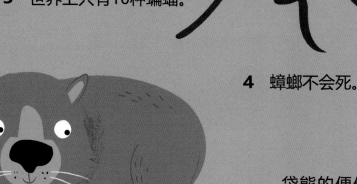

5 袋熊的便便是方
形的。

趣味游戏

找便便

　　这只可怜的屎壳郎不记得自己把便便藏在哪儿了。你能帮它穿越迷宫，找到便便吗？请用笔画出来，为它指引道路吧！第121页有提示。

小测验

趣味游戏

现在你已经读完了这本书，来看看你学到了多少关于动物的知识吧！答案在第121页。

1.哪种动物可以经历极寒极热还能存活下来?

A.斑马

B.猎蝽

C.水熊虫

D.指猴

2.美国大鲵属于哪类动物?

A.蛇

B.蝾螈

C.水獭

D.鸟类

3.当土耳其秃鹫太重飞不起来，它们会怎么做?

A.在脚上便便

B.改成跑

C.搭大象的便车

D.呕吐

4.短角蜥从眼睛里喷出什么来吓退捕食者?

A.血

B.尿液

C.便便

D.毒液

5.哪种是世界上致人死亡最多的动物?

A.狮子

B.大白鲨

C.蓝环章鱼

D.蚊子

趣味游戏

现在该你了！

请你通过调查研究来创建一份动物档案。拿一张纸，画一幅画。写下关于这个动物的一两个特性。

姓名： 你选择的动物叫什么?

绰号： 它们还被称为什么?

分布： 它们生活在哪里?

体长： 它们多大?

答　案

动物便便
1-C，2-A，
3-D，4-B

我是谁?
1-河马，2-水蛭，3-鹤鸵

动物剪影
1-B，2-A，3-D，
4-E，5-C，6-F

谁的尾巴?
1-A，2-C，3-D，4-E，5-B

找不同图示

判断真假
1.假！它们闻起来像牛粪。
2.真！猎人以前把这种毒液
　涂在箭头上。
3.假！有大约1000种呢！
4.假！它们生存能力很强，
　但也总有一死。
5.真！它们是全世界唯一拥
　有这项技能的动物。

找便便路线

小测验
1.C.水熊虫
2.B.蝾螈
3.D.呕吐
4.A.血
5.D.蚊子

术语汇编

适应性
生物在漫长时间里进化出来的更适合生存环境的特征或习惯。

两栖动物
在水中出生，但后来在水里和陆地上都能生存的动物。它们中大部分皮肤都湿湿的。

细菌
一种微生物。

化学物质
天然或人工合成的单质与化合物的总称。

族群
很多动物住在一起形成一个群体。

棘皮动物
无脊椎的、生活在海里的动物。

甲壳动物
有着硬硬的外壳和节足的动物，通常生活在水里。

真菌
一大类生物，包括蘑菇、毒菌和霉菌等。

腺体
动物体内可以分泌某些化学物质的组织。

幼虫
昆虫的幼年形态，在孵化后出现。

致死
导致死亡。

哺乳动物
高等脊椎动物，通过乳汁喂养下一代。

膜
人和动植物体内像薄皮的组织。

黏液
黏稠的液体。

营养
动植物维持正常生命活动所必需的物质和能量。

生物
有生命的物体，比如动物或植物。

麻痹
身体某一部分的感觉能力和运动能力丧失。

寄生虫
生活在其他动植物身上并从寄主身上取得养分的动物。

剧毒
可以引起严重伤害甚至死亡的物质。

猎食者
捕猎别的动物并以其为食的动物。

猎物
被捕捉到的或被别的动物吃掉的动物。

灵长动物
一类包括猴子的哺乳动物。

爬行动物
皮肤干燥且有鳞或甲的动物，有脊椎。

蛋白质
食物中含有的物质，是生命的物质基础。

反刍
将未完全消化的食物从胃里返回嘴里再次咀嚼。

孢子
离开母体后能发育成新个体的生殖细胞。

毒性
毒物危害人或其他生物的特性。

毒液
有毒的液体。

声囊
两栖类动物雄性口腔底部或两侧的可张缩的囊，让发出的声音更大。

索 引

图书在版编目（CIP）数据

臭臭的动物小百科 / (英) 基夫·佩恩 (KEV PAYNE)
著；刘瑞睿译. -- 天津：新蕾出版社, 2022.12
书名原文: Gross and Ghastly Animals
ISBN 978-7-5307-7458-8

Ⅰ.①臭… Ⅱ.①基… ②刘… Ⅲ.①动物 – 少儿读
物 Ⅳ.①Q95-49

中国版本图书馆CIP数据核字(2022)第219624号

Original Title: Gross and Ghastly: Animals: The Big Book of Disgusting
Animal Facts
Copyright © Dorling Kindersley Limited, 2021
A Penguin Random House Company
津图登字：02-2022-285

书　　名：	臭臭的动物小百科 CHOUCHOU DE DONGWU XIAO BAIKE	
出版发行：	天津出版传媒集团 新蕾出版社	
网　　址：	http://www.newbuds.com.cn	
地　　址：	天津市和平区西康路 35 号 (300051)	
出 版 人：	马玉秀	
责任编辑：	赵迎春	
责任印制：	杨光明	
封面设计：	青空工作室 Design QQ:2505945961	
电　　话：	总编办 (022)23332422 发行部 (022)23332351 23332679	
传　　真：	(022)23332422	
经　　销：	全国新华书店	
印　　刷：	广东金宣发包装科技有限公司	
开　　本：	787 毫米 × 1092 毫米　1/16	
字　　数：	70 千字	
印　　张：	8	
版　　次：	2022 年 12 月第 1 版　2022 年 12 月第 1 次印刷	
定　　价：	64.00 元	

For the curious
www.dk.com